全国灾害信息员培训教材

灾害信息员基础知识
（县级以下）

（第2版）

应急管理部救灾和物资保障司　编

应 急 管 理 出 版 社

·北　京·

图书在版编目（CIP）数据

灾害信息员基础知识. 县级以下／应急管理部救灾
和物资保障司编. -- 2 版. -- 北京：应急管理出版社，
2025.（2025.6重印）--（全国灾害信息员培训教材）.
-- ISBN 978-7-5237-0637-4

Ⅰ. X4

中国国家版本馆 CIP 数据核字第 2024KQ2073 号

灾害信息员基础知识（县级以下） 第 2 版
（全国灾害信息员培训教材）

编　　者	应急管理部救灾和物资保障司
责任编辑	郭玉娟
责任校对	张艳蕾
封面设计	地大彩印

出版发行	应急管理出版社（北京市朝阳区芍药居 35 号　100029）
电　　话	010 - 84657898（总编室）　010 - 84657880（读者服务部）
网　　址	www. cciph. com. cn
印　　刷	北京地大彩印有限公司
经　　销	全国新华书店

开　　本	710mm×1000mm$^1/_{16}$　印张　5　字数　64 千字
版　　次	2025 年 3 月第 2 版　2025 年 6 月第 2 次印刷
社内编号	20240265　　　　定价　35.00 元

PREFACE 前言

　　我国是世界上自然灾害最为严重的国家之一，灾害种类多，分布地域广，发生频率高，造成损失重，这是一个基本国情。党的十八大以来，以习近平同志为核心的党中央坚持人民至上、生命至上，坚持总体国家安全观，将防灾减灾救灾摆在更加突出的位置。习近平总书记多次就防灾减灾救灾作出重要指示，李强总理等国务院领导同志多次作出批示，对及时核实报告灾情提出了明确要求。建立灾情报告系统并统一发布灾情是中央赋予应急管理部的职责之一，也是实现应急管理体系和能力现代化的重要方面。长期以来，各级灾害信息员承担着灾情统计报送和管理职责，是构建全国灾情报告系统的重要力量和具体实施者。

　　基于新时代防灾减灾救灾工作面临的新形势新任务新要求，为进一步提升灾害信息员的业务能力和水平，根据2024年最新修订的《国家自然灾害救助应急预案》以及国家防灾减灾救灾委员会办公室、应急管理部于2024年3月修订印发的《自然灾害情况统计调查制度》《特别重大自然灾害损失统计调查制度》相关要求，我们组织修订了"全国灾害信息员培训教材"，包括《灾害信息员基础知识（县级以上）》《灾害信息员基础知识（县级以下）》以及配套的工作手册。

　　本套教材全面梳理了灾害信息员必备的基础知识和工作技能，并充分吸收灾害管理领域专家、基层一线救灾业务骨干的意见和建议，供各级灾害信息员培训使用和工作参考。

编　者
2024年4月

CONTENTS 目录

第一章

概　述

一、灾害信息员职责任务

在近年抗灾救灾历次实践中，灾害信息员作为全国灾情报告系统的重要力量和具体实施者，在承担灾情统计报送和管理、传递灾害预警信息、降低灾害损失和影响、保障人民群众生命财产安全等方面发挥了重要作用，已经成为国家综合防灾减灾救灾不可或缺的人才力量，成为建立健全国家防灾减灾救灾体系的重要保障。基层乡镇（街道）、村（社区）灾害信息员主要承担灾情统计报送、台账管理等工作，同时兼顾灾害隐患排查、灾害监测预警、险情信息报送等任务，协助做好受灾群众紧急转移安置和紧急生活救助等工作。

二、相关工作要求

（1）灾情统计报送。灾情统计报送是灾害信息员的主要职责。一般情况下，灾害信息员应常住本地区，掌握本地区地貌水系、人口分布、房屋田地、重要基础设施分布等基本情况，了解本地区多发易发自然灾害种类，熟悉主要灾情指标和报灾工作流程等，保持手机24小时开机。灾害发生后，要严格按照《自然灾害情况统计调查制度》要求，第一时间将本地区灾害情况统计、汇总、审核，并报上一级。对于造成10人以上（含10人）人员死亡失踪或房屋大量倒塌、城乡大面积受灾等严重损失的自然灾害，以及社会舆论广泛关注的热点和焦点灾害事件等，应在接报后立即电话上报初步情况，随后动态报告全面灾害情况。灾情稳定前，实行24小时零报告制度。接到应急管理部要求核实信息的指令，应及时反馈情况，对具体情况暂不清楚的，应先报告事件概要情况，随后反馈详情，原则上反馈时间不得超过30分钟。

（2）灾情台账管理。灾情台账是实施灾情核查评估和灾害救助的主要依据，地方各级应急管理部门应加强台账管理，做好原始记录，建立审核、签发、交接和归档制度。对于因灾死亡失踪人口、因灾倒塌损坏住房、受灾人员冬春救助等情况，要及时填报"因灾死亡失踪人口一览表""因灾倒塌损坏住房户一览表""受灾人员冬春生活政府救助人口一览表"。对于较为严重的自然灾害事件，要在填报"自然灾害损失情况统计快报表"的基础上，按照县级应急管理部门要求，在相关行业部门指导下，及时填报"直接经济损失台账"（包括灾害损失列表清单和损失测算标准）和"自然灾害损失情况统计快报附表（1-5）"。

第二章

自然灾害分类

一、水旱灾害

（一）洪涝灾害

指因降雨、降融雪、冰凌、溃坝（堤）、风暴潮等引发江河洪水、渍涝、山洪等，以及由其引发次生灾害，对生命财产、社会功能等造成损害的自然灾害。包括江河洪水、山洪、冰凌洪水、融雪洪水、城镇内涝等二级灾种。

江河洪水灾害：指因暴雨或者堤坝决口溃口、上游行洪泄洪等引起江河水量迅增、水位急涨的洪水，并造成生命财产损失的自然灾害。

山洪灾害：指山丘区由降雨诱发的急涨急落的溪河沟道洪水，并造成生命财产损失的自然灾害。山洪中泥沙石等固体物质含量较少，因灾遇难人员多呈溺亡特征，建（构）筑物受损以冲刷与淹没为主。

冰凌洪水灾害：指由于冰凌阻塞形成冰塞或者冰坝拦截上游来水，导致上游水位壅高，当冰塞溶解或者冰坝崩溃时槽蓄水量迅速下泄形成洪水，并造成生命财产损失的自然灾害。

融雪洪水灾害：指形成由冰融水和积雪融水为主要补给来源的洪水，并造成生命财产损失的自然灾害。

城镇内涝灾害：指由于强降水或者连续性降水、海水倒灌超过城镇排水能力致使城镇内产生积水，并造成生命财产损失的自然灾害。

（二）干旱灾害

指一个地区在比较长的时间内降水异常偏少，河流、湖泊等淡水资源总量减少，对城乡居民生活、工农业生产造成直接影响和损失的自然灾害。

二、气象灾害

（一）台风灾害

指热带或者副热带海洋上生成的气旋性涡旋大范围活动，伴随大风、暴雨、风暴潮、巨浪等，以及由其引发次生灾害，对生命财产、社会功能等造成损害的自然灾害。台风编号采用中国气象局公告的台风编号填写。

（二）风雹灾害

指强对流天气引起大风、冰雹、龙卷风、雷电等，以及由其引发次生灾害，对生命财产、社会功能等造成损害的自然灾害。包括大风、冰雹、龙卷风、雷电等二级灾种。

大风灾害：指因冷锋、雷暴、飑线和气旋等天气系统导致近地面层平均或者瞬时风速达到一定速度或者风力的风，造成生命财产损失的自然灾害。

冰雹灾害：指强对流天气控制下，从雷雨云中降落的冰雹，对生命财产和农业生产等造成损害的自然灾害。

龙卷风灾害：指在强烈的不稳定的天气状况下由空气对流运动导致强烈的、小范围的空气涡旋，造成生命财产损失的自然灾害。

雷电灾害：指因雷雨云中的电能释放，直接击中人体、牲畜、建（构）筑物、基础设施等，以及因雷电直接引发的建（构）筑物火灾等，造成生命财产损失的自然灾害。

（三）低温冷冻灾害

指气温降低至影响作物正常生长发育，造成作物减产绝收，或者因低温雨雪造成结冰凝冻，致使电网、交通、通信等设施设备损坏或者阻断，影响正常生产生活的自然灾害。

（四）雪灾

指因降雪形成大范围积雪，严重影响人畜生存，以及因降大雪造成交通中断，毁坏通信、输电等设施的自然灾害。

（五）沙尘暴灾害

指强风将地面尘沙吹起使空气浑浊，水平能见度小于1千米，对生命财产造成损害的自然灾害。

三、地震灾害

指地壳快速释放能量过程中造成强烈地面震动及伴生的地面裂缝和变形，造成建（构）筑物倒塌和损坏，设备和设施毁坏，交通、通信中断和其他生命线工程设施等被破坏，以及由此引起火灾、爆炸、瘟疫、有毒物质泄漏、放射性污染、场地破坏等，对生命财产、社会功能和生态环境等造成损害的自然灾害。地震震级采用中国地震局公告的地震震级填写。

四、地质灾害

因自然因素引发的危害生命财产安全且与地质作用有关的灾害。包括崩塌、滑坡、泥石流、地面塌陷、地裂缝、地面沉降等二级灾种。

崩塌灾害：指较陡斜坡上的岩土体在重力作用下突然脱离山体崩落、滚动、撞击，造成生命财产损失的自然灾害。

滑坡灾害：指斜坡上的岩土体由于自然原因，在重力作用下沿一定的软弱面整体向下滑动，造成生命财产损失的自然灾害。

泥石流灾害：指山区沟谷中或者坡面上，由于暴雨、冰雹、融水等水源激发的、含有大量泥沙石块的混合流，造成生命财产损失的自然灾害。泥石流中泥沙石等固体物质含量较多，因灾遇难人员多呈淤埋或者重压窒息死亡特征，建（构）筑物受损以冲击与淤埋为主。

地面塌陷灾害：指地表岩体或者土体受自然作用影响，向下陷落并在地面形成凹陷、坑洞，造成生命财产损失的自然灾害。

地裂缝灾害：指在一定自然地质环境下，由于自然因素导致地表岩土体开裂，在地面形成一定长度和宽度的裂缝，造成生命财产损失的自然灾害。

地面沉降灾害：指因自然因素引发地壳表层松散土层压缩并导致地面标高降低，造成生命财产损失的自然灾害。

五、海洋灾害

指海洋自然环境发生异常或者激烈变化，在海上或者海岸发生，造成生命财产损失的自然灾害。包括风暴潮、海浪、海冰、海啸等二级灾种。

风暴潮灾害：指由台风、温带气旋、强冷空气等强烈天气系统引起的海面异常升高造成生命财产损失的自然灾害。

海浪灾害：指由风引起的海面波动产生海浪作用，造成生命财产损失的自然灾害。通常，有效波高达4米以上的海浪称为灾害性海浪。

海冰灾害：指由海冰引起的影响到人类在海岸和海上活动和设施安全，造成生命财产损失的自然灾害。

海啸灾害：指由水下地震、火山爆发或者水下塌陷和滑坡激起巨浪，造成生命财产损失的灾害。

六、森林草原火灾

指失去人为控制，在森林内和草原上自由蔓延和扩展，对森林草原、生态系统和人类带来一定危害和损失的林草火燃烧现象。

七、生物灾害

指病、虫、杂草、害鼠等在一定环境下暴发或者流行，严重破坏农作物、森林、草原和畜牧业的灾害，以及因野生动物（不包括动物园饲养管理的动物）活动造成人员伤亡或者农牧业、家庭财产等损失的灾害。

第三章

灾情统计指标

自然灾害灾情统计指标体系分为基本情况、损失情况、救灾工作情况三大部分，每部分包含相应的具体统计指标。其中，基本情况包括灾害种类和发生的地点、时间等基本信息；损失情况主要包括人口受灾情况、房屋受灾情况、农作物受灾情况、直接经济损失情况四个类别；救灾工作情况主要包括启动响应情况、救灾资金情况、救灾物资情况、人员救助和房屋恢复重建情况等内容。

一、自然灾害基本情况统计指标

自然灾害基本情况统计指标用于描述灾害发生的时空基本属性，包括种类、时间、地点、范围，以及台风编号和地震震级两项具有规范格式的特征信息。

（一）灾害种类

《自然灾害情况统计调查制度》中统计的灾害种类包括：洪涝、干旱等水旱灾害，台风、风雹、低温冷冻、雪灾、沙尘暴等气象灾害，地震灾害，崩塌、滑坡、泥石流等地质灾害，风暴潮、海啸等海洋灾害，森林草原火灾和生物灾害等。

洪涝灾害、风雹灾害、地质灾害、海洋灾害等成因较为复杂的灾种，还包含二级灾种。其中，洪涝灾害包括江河洪水、山洪、冰凌洪水、融雪洪水、城镇内涝等二级灾种；风雹灾害包括大风、冰雹、龙卷风、雷电等二级灾种；地质灾害包括崩塌、滑坡、泥石流、地面塌陷、地裂缝、地面沉降等二级灾种；海洋灾害包括风暴潮、海浪、海冰、海啸等二级灾种。

各地各级应急管理部门在进行灾害种类认定时，应根据本行政区域内灾害发生的实际情况，并结合与相关涉灾部门的会商结果进行认定，以助于灾情统计和救灾工作的顺利开展。

（二）灾害发生与结束时间

灾害发生时间指因自然灾害导致影响或者损失出现的日期和时间，采用公历年月日和24小时制填写。对于突发自然灾害，如地震灾害和滑坡、崩塌、泥石流等地质灾害，发生时间要求准确到分钟。例如，某地15时许开始降雨，16时许降雨明显增大，18时许某河堤溃决，18时30分溢出的河水已淹没大量农田，则当地灾害发生时间为18时许，因为18时许开始有损失出现。

灾害结束时间指灾害过程基本结束，且因自然灾害造成的影响和损失不再扩大的日期，采用公历年月日填写。灾害发生时间到灾害结束时间之间的时段即为灾害影响时段。

（三）受淹乡（镇、街道）数量

用于统计因自然灾害导致水淹的乡级行政单元数量。

受淹乡（镇、街道）数量：因江河洪水进入城区或者降雨产生严重内涝的乡（镇、街道）数量。

（四）台风地震特征指标

台风编号采用中国气象局公告的台风编号，为公历某年某号，如2019年第9号台风"利奇马"的台风编号是"1909"。地震震级采用中国地震局公告的地震震级，如"里氏8.0级"。

二、自然灾害损失统计指标

（一）人口受灾情况指标

1.受灾人口

受灾人口指因自然灾害直接造成伤亡失踪、房屋倒损、财产损失、转移安置、需生活救助，以及生产生活遭受损失或者影响的人员数量（含非常住人口）。其主要包括以下4种情形：①灾害造成的死亡、失踪、受伤人口；②因灾害影响需采取紧急避险转移、紧急转移安置或需提供紧急生活救助等措施的人口；③灾害造成房屋倒损和财产损失的人口；④除以上三种情形外，灾害为直接原因造成生产生活遭受损失或影响的人口。受灾人口构成如图3-1所示。

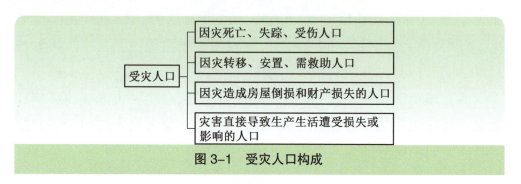

图 3-1 　受灾人口构成

统计受灾人口时，需要把握以下4点。

（1）按照行政区域进行统计。受灾人口包括本级行政区域内的常住人口和非常住人口，在行政上不受该行政区域政府领导管理的行政单位、企事业单位或团体中的人口，以及农垦国有农场、国有林场、华侨农场中的人员。

注意：按行政区域范围统计受灾人口的原则，也适用于后续介绍的因灾死亡人口、因灾失踪人口、因灾受伤人口、紧急避险转移人口、紧急转移安置人口、需紧急生活救助人口、需过渡期生活救助人口、因旱需生活救助人口、因旱饮水困难需救助人口等统计指标。

例如，2010年4月14日，青海省玉树地区发生7.1级强烈地震，人民群众生命财产遭受严重损失。作为受灾最为严重的结古镇，自古以来就是青藏高原上的商贾重地，流动人口众多，主要从事商业、劳务活动。因此，在统计玉树地震受灾人口时，就将这部分流动人口统计在内。

（2）受灾人口是指直接遭受灾害损失或影响的人口。因灾害造成间接损失的人口不统计在内。

例如，强对流大风天气刮断树木砸伤了行人，则受伤的行人计入受灾人口；若行人因自身原因不小心撞上刮断的树木而受伤，就不计入受灾人口，而只能算日常的意外事故。

（3）不能把受灾区域内的总人口简单地等同于受灾人口。当某一行政区域内发生自然灾害后，受灾人口为该区域内直接因灾害遭受损失或影响的人口，没有遭受损失或影响的人口不统计在内。因此，受灾人口通常小于该区域实际总人口数量，不能简单地用该区域实际总人口数量来代替受灾人口。

（4）可以先按比例折算，逐步修正。一是初报，灾害发生初期，由于短期内无法完全掌握灾情，可以根据灾情的严重程度，将受灾区域内的人口先按最低比例折算后暂时作为受灾人口初报。二是续报，随着灾情的逐步核实，在续报中应逐步修正原先上报的数据，直到核报。三是核报，由于受灾人口数量较大，实际工作中难以一一核实确定，一般采取抽样调查的方法获得统计数据。

2.因灾死亡失踪人口

因灾死亡人口：指以自然灾害为直接原因导致死亡，以及因灾受重伤7日内经抢救或者重症监护救治无效死亡的人员数量（含非常住人口）。对于救援救灾过程中因自然灾害导致牺牲（殉职）的工作人员，应当一并统计在内。

因灾失踪人口：指以自然灾害为直接原因导致下落不明，暂时无法确认死亡的人员数量（含非常住人口）。对于救援救灾过程中因自然灾害导致失踪的工作人员，应当一并统计在内。

统计因灾死亡失踪人口时，需要把握以下8点。

（1）因灾死亡失踪人员按照在地（死亡失踪事发地）原则统计报送；对于死亡失踪地点暂不明确的，由遗体发现地首报。

（2）死亡失踪须是自然灾害直接造成的，自然灾害间接导致的不统计在内。

（3）对于抢险救援救灾过程中因自然灾害直接导致殉职、牺牲或失踪的，应计入因灾死亡失踪人口。

（4）对于事实清楚、灾种明确的死亡失踪人员，应当按照自然灾害相关灾种上报；对于暂时不能确切认定灾种的，应当先按照初判灾种进行上报；对于死亡失踪人员个人身份未确认、基本信息不全面的，应当先报告死亡失踪人数；对于同时涉及事故因素，暂时不能明确认定事件性质的，应当先按照"性质待认定事件（涉及事故因素）"上报。不得以灾种未确定、死亡失踪人员身份信息未确认、事件性质有待认定、"属意外事件"等理由，迟报、瞒报死亡失踪人员。

（5）对于造成人员死亡失踪的自然灾害，地方各级应急管理部门须填写"因灾死亡失踪人口一览表"并逐级上报。填报一览表时，死亡失踪原因可多选。死亡失踪原因包括：江河洪水冲淹、山洪冲淹、崩塌埋压、滑坡埋压、泥石流冲埋、地面塌陷、房屋倒塌、构筑物倒塌、落水、高空坠物、高处坠落、雷击、雪崩埋压、低温、树木倒压、森林草原火灾、救援救灾、其他原因。人员因灾死亡失踪可能同时涉及以上多种原因，填报时应全面统计。

（6）统计因灾失踪人口时，需注意人数的动态变化：当发现因灾失踪人员存活时，应及时核减因灾失踪人口；当确认因灾失踪人员死亡时，应及时核减因灾失踪人口，同时核增因灾死亡人口。如在灾害发生期间或灾害稳定前等短期内，因灾失踪人口确认已死亡，则在续报或核报中核减因灾失踪人口，核增因灾死亡人口；如果在灾害稳定后的较长一段时间才确认因灾失踪人口已死亡，则在灾情年报中核减因灾失踪人口，核增因灾死亡人口。其中，失踪人员（下落不明人员）转为死亡人员时，根据《中华人民共和国民法典》第四十六条规定，"自然人有下列情形之一的，利害关系人可以向人民法院申请宣告该自然人死亡：（一）下落不明满四年；（二）因意外事件，下落不明满二年。因意外事件下落不明，经有关机关证明该自然人不可能生存的，申请宣告死亡不受二年时间的限制。"

（7）对于同时涉及自然灾害和生产安全事故，造成人员死亡失踪的事件，由地方人民政府（也可以授权或者委托有关部门）依法组织调查，形成调查报告，由省级应急管理部门根据调查认定的事件性质向应急管理部申请纳入自然灾害统计或者核销。事件性质应当按照《中华人民共和国突发事件应对法》规定的突发事件分类进行认定。调查工作一般应当在事发后60日内完成。因自然灾害引发生产经营单位在生产经营活动中造成人员死亡失踪，经调查认定，具有以下情形之一的，不纳入自然灾害统计：一是自然灾害未超过设计风险抵御标准的；二是生产经营单位工程选址不合理的；三是在能够预见、能够防范可能发生的自然灾害的情况下，生产经营单位防范措施不落实、应急救援预案或者防范救援措施不力的。

（8）对于造成人员死亡失踪，暂未认定灾种的自然灾害事件，参照以上规定进行调查认定。认定灾种与初判灾种不一致的，及时按照认定结论更正灾种。

3.因灾受伤人口

因灾受伤人口指以自然灾害为直接原因导致肢体伤残或者某些器官功能性或者器质性损伤的人员数量（含非常住人口）。

统计因灾受伤人口时，需要把握以下4点。

（1）因灾受伤人口所指的受伤程度是比较严重的，指导致肢体伤残或者某些器官功能性或者器质性损伤，一般轻微受伤不包括在内。例如，因灾导致身体擦破皮或划了一个小口子，只需要简单处理即可治愈，凡此情况都不统计在内。

（2）具体表现形式大致有两种：一种是受伤后需要住院治疗；另一种是受伤后不需要住院治疗，但需要多次门诊治疗。其中，重伤指因灾造成人肢体残疾、容貌毁损、丧失听觉、丧失视觉、丧失其他器官功能或者其他对人身体健康有重大伤害的损伤。

（3）因灾受伤人口可能转化为因灾死亡人口。如果在灾害发生期间或灾害稳定前，因灾受重伤人员7日内经抢救或者重症监护救治无效死亡，则在续报或核报中核减因灾受伤人口，核增因灾死亡人口；如果在灾害稳定后的较长一段时间才确认因灾受伤人口已死亡，则不对因灾死亡人口进行核增。

（4）对于救灾救援过程中因自然灾害导致受伤的工作人员，应一并统计在内。

4.紧急避险转移人口

紧急避险转移人口指遭受自然灾害风险影响（如接收到灾害预警等），提前转移到安全区域，风险解除后即可返回家中居住的人员数量（含非常住人口）。包括受台风影响从海上回港且无须安置的避险人员。

统计紧急避险转移人口时，需要把握以下两点。

（1）紧急避险转移人口是指因灾害风险防范提前转移的人员，但和紧急转移安置人口有所区别：紧急避险转移人口一般在成灾前提前转移，且仅转移和避险，而不需要政府给予安置或临时生活救助；紧急转移安置人口一般在成灾后转移，且需要政府给予安置或临时生活救助。

当实际受灾不能返家或者避险转移超过一定时限（一般为2日），且由政府进行安置并给予临时生活救助，保障食品、饮用水、临时住所等基本生活的，应当将紧急避险转移人口转为紧急转移安置人口统计。同一灾害过程中，同一人员多次进行紧急避险转移的，不重复统计。

例如，因台风红色预警而回港避风的渔民属于紧急避险转移人口。紧急避险转移人口可能需要生活物资，如台风期间回港避险的大量人员可能需要饮用水、食物、药品的供给，但不是需要生活救助，等台风过境后可以正常开展生产生活。而紧急转移安置人口或需紧急生活救助人口，则是因台风、洪涝等自然灾害，遭受一定损失，转移安置或生活救助等措施要持续一定时间，要采取保障基本生活的兜底性救助，包括口粮、副食、衣被等生活必需品。

（2）紧急避险转移人口反映当下应急救援工作情况，灾情续报时要实时报送紧急避险转移人口变化情况，既可以增加也可以减少。

例如，紧急避险转移人口常见于台风或者洪峰过境、可能出现强降雨等情形，提前将可能受到灾害威胁的群众转移至安全地带，但无须对其提供生活救助的人口。随着灾情的发展变化，灾情指标也是动态变化的，应按实时值进行统计。

5.紧急转移安置人口

紧急转移安置人口指遭受自然灾害影响，不能在现有住房中居住，需由政府进行转移安置（包括集中安置和分散安置）并给予临时生活救助，保障食品、饮用水、临时住所等基本生活的人员数量（含非常住人口）。其包括：①因自然灾害造成房屋倒塌或者严重损坏（含应急期间未经安全鉴定不能居住的其他损房），造成无房可住的人员；②蓄滞洪区运用转移人员；③遭受自然灾害影响，由低洼易涝区、山洪灾害威胁区、地质灾害隐患点等危险区域转移至安全区域，短期内（一般超过2日）不能返回家中居住的人员。紧急转移安置人口分类如图3-2所示。

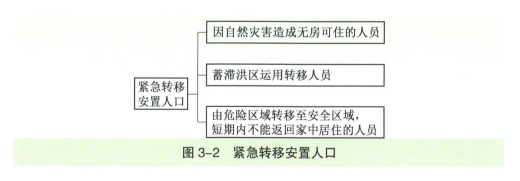

图3-2　紧急转移安置人口

统计紧急转移安置人口时，需要把握以下3点。

（1）紧急转移安置类型包含集中安置和分散安置。集中安置人口指由政府直接组织并安置在学校、体育场馆、村（居）委会、宾馆、搭建的帐篷区等指定场所，并提供饮食等基本生活保障的人员数量（含非常住人口）。分散安置人口指不是由政府直接安置，而是在政府帮助指导下通过投亲靠友、借住租住房屋等方式分散安置的人员数量（含非常住人口）。紧急转移安置人口应该等于集中安置人口与分散安置人口之和。对于因灾害紧急避险但未采取安置措施的人员，不统计在内。

例如，紧急转移安置包括集中安置和分散安置，一般情况下，分散安置人数所占比例远大于集中安置人数，是紧急转移安置的主要安置方式。2020年4月1日20时23分，四川省甘孜藏族自治州石渠县发生5.6级地震，震源深度10千米，共造成石渠县6106人紧急转移安置，其中1114人集中安置，4992人分散安置。

（2）紧急转移安置人口通常都需要离开原住房。紧急转移安置人口或者安置在集中安置点，或者采取分散安置，但政府给予了粮油衣被食品等基本生活物资保障。

例如，因处于地质灾害隐患点附近而需要被转移安置的人员；因处于城市低洼易涝区而在暴雨等灾害来临前或来临时需要被转移安置的人员。

（3）紧急转移安置人口以及集中安置人口需要分别统计实时值和累计值。其中，实时值反映相关指标在灾害发生期间的实时增减变化情况，为报送时点的当前存量值；累计值反映相关指标在灾害发生期间的数量总计情况，为灾害发生后至报送时点期间的总量值（非历次续报实时值的加和，下同）。

6.需紧急生活救助人口

需紧急生活救助人口指遭受自然灾害后，住房未受到严重破坏、不需要转移安置，但因灾造成当前正常生活面临困难，需要给予临时生活救助的人员数量（含非常住人口）。主要包括以下5种情形：①因灾造成口粮、衣被和日常生活必需用品毁坏、灭失或者短缺，当前正常生活面临困难；②因灾造成在收作物（例如，将要或者正在收获并出售，且作为当前口粮或者经济来源的粮食、蔬菜瓜果等作物以及养殖水产等）严重受损，或者作为主要经济来源的牲畜、家禽等因灾死亡，导致收入锐减，当前正常生活面临困难；③因灾造成交通中断导致人员滞留或者被困，无法购买或者加工口粮、饮用水、衣被等，造成生活必需用品短缺；④因灾导致伤病需进行紧急救治；⑤因灾造成用水困难（人均用水量连续3天低于35升），需政府进行救助（干旱灾害除外）。需紧急生活救助人口如图3-3所示。

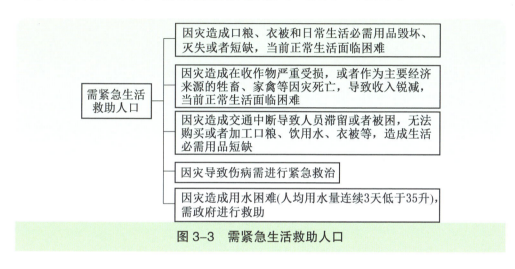

图3-3 需紧急生活救助人口

例如，因地震时被倒塌的房梁砸伤胸部急需救治的人员，应计入需紧急生活救助人口；山洪把农户饲养的猪、羊、鸭冲走，导致家庭经济收入锐减，当前基本生活出现困难的人员，应计入需紧急生活救助人口；暴雨洪涝灾害造成家庭部分生活用品短缺，但尚可维持正常生活的人员，不应计入需紧急生活救助人口。

在统计需紧急生活救助人口时，需要把握以下3点。

（1）需紧急生活救助人口通常都不需要离开当前住房。与紧急转移安置人口不同的是，需紧急生活救助人口通常只是因自然灾害导致当前正常生活面临困难，需要政府给予基本生活救助保障，而并不需要从当前住房被转移至其他住所；同时，与紧急转移安置人口相同的是，需紧急生活救助人口也是因自然灾害导致受灾人员需要政府给予临时性生活救助。

（2）对于因灾滞留旅途中且基本生活保障出现困难需要政府给

予临时性生活救助的旅客，需纳入需紧急生活救助人口统计。

例如，2018年12月底，受湖南低温雨雪冰冻灾害影响，一辆载有51人从杭州到昆明的卧铺车因雪灾被困在湖南湘潭市湘乡市翻江镇高速公路收费站路口。当地救灾部门第一时间启动预案，对滞留人员进行救助，这部分人应被纳入需紧急生活救助人口统计。

（3）需紧急生活救助人口需要统计实时值和累计值。

此外，紧急转移安置人口、紧急避险转移人口、需紧急生活救助人口在同一统计时间点上不存在交叉。紧急转移安置人口、紧急避险转移人口、需紧急生活救助人口3个指标在灾害发生发展过程中，存在相互转化的可能性，但在同一灾害时刻、同一统计时间点上，不存在交叉情况，三者之间的关系是非此即彼，而不是既是此也是彼，不能重复统计。三者的区别如图3-4所示。

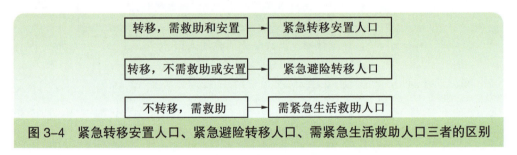

图3-4　紧急转移安置人口、紧急避险转移人口、需紧急生活救助人口三者的区别

例如，紧急避险转移人口和紧急转移安置人口均可能包含因自然灾害影响提前转移的人员，区别在于是在成灾前还是成灾后转移，以及政府是否给予安置或临时生活救助；需紧急生活救助人口与紧急转移安置人口不存在包含关系，区别在于是否被转移安置；需紧急生活救助人口与紧急避险转移人口不存在包含关系，区别在于是否被转移以及政府是否给予临时生活救助。

7.需过渡期生活救助人口

需过渡期生活救助人口指因自然灾害造成房屋倒塌或者严重损坏需恢复重建、无房可住；因次生灾害威胁在外安置无法返家；因灾损失严重、缺少生活来源，需政府在应急救助阶段后一段时间内，帮助解决基本生活困难的人员数量（含非常住人口）。

过渡期指的是应急救助阶段结束、恢复重建完成之前的时间段。

8.因旱需生活救助人口

因旱需生活救助人口指因干旱灾害造成饮用水、口粮等临时生活困难，需政府给予生活救助的人员数量（含非常住人口）。

包括3类人员：①饮水困难需政府救助人口；②因抗旱投入增加造成生活困难需政府救助人口；③其他因种植业、养殖业受旱灾影响造成群众收入降低需政府救助人口。因旱需生活救助人口如图3-5所示。

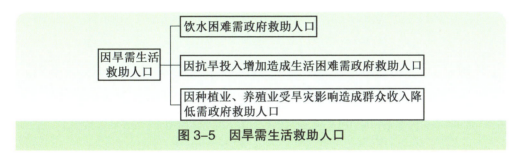

图 3-5 因旱需生活救助人口

其中，因旱饮水困难需救助人口指因干旱灾害造成饮用水获取困难，需政府给予救助的人员数量（含非常住人口）。包括3种情形：①日常饮水水源中断，且无其他替代水源，需通过政府集中送水或者出资新增水源；②日常饮水水源中断，有替代水源，但因取水距离远、取水成本增加，现有能力无法承担需政府救助；③日常饮水水源未中断，但因灾造成供水受限，人均用水量连续15天低于35升，需政府予以救助等。因气候或者其他原因导致的常年饮水困难人口不统计在内。

在统计报送时，需要特别注意的是：一是因旱需生活救助人口主要针对新发旱灾造成的受灾群众生活困难，需要政府予以临时性救助的人员，不包括老旱区常年生活困难需要政府长期救助的人口；二是因旱需生活救助人口和因旱饮水困难需救助人口需要分别统计实时值和累计值。

（二）房屋受灾情况指标

房屋受灾情况指标用来统计自然灾害对房屋的破坏情况，是统计因灾造成损失的重要组成部分，主要包括倒塌房屋数量、严重损坏房屋数量、一般损坏房屋数量。

1.房屋主要结构类型

房屋结构类型包括：钢结构、钢筋混凝土结构、砌体结构（砖混结构、砖木结构和底部框架–抗震墙砌体结构）、木/竹结构、其他结构（土木/石木结构、混杂结构、窑洞和其他上述未包括的结构类型）。

不同结构类型的房屋，其承重结构主要包括以下部位：①钢结构，主要承重结构包括梁、柱、桁架。②钢筋混凝土结构，主要承重结构包括梁、板、柱。③砖混结构，竖向承重结构包括承重墙、柱，水平承重构件包括楼板、大梁、过梁、屋面板或者木屋架；砖木结构，竖向承重结构包括承重墙、柱，水平承重构件包括楼板、屋架（木结构）；底部框架–抗震墙砌体结构，下部承重结构包括底部框架、抗震墙、墙梁等，上部承重结构包括承重墙、柱、楼板、梁、屋面板等。④木/竹结构主要承重结构为柱、梁、屋架。⑤其他结构，土木/石木结构主要承重结构为土/石墙、木屋架，窑洞的主要承重结构为墙体、拱顶。

以上结构类型中，钢筋混凝土结构、砖混结构、砖木结构、木结构、土木结构、石砌结构是灾区特别是农村受灾地区常见的倒损房屋类型。

2.倒塌房屋

倒塌房屋指因灾导致房屋整体结构塌落，或者承重构件多数倾倒，必须进行重建的房屋；以及因灾遭受严重损坏，无法修复的牧区帐篷，示例如图3-6所示。

3.严重损坏房屋

严重损坏房屋指因灾导致房屋多数承重构件严重破坏或者部分倒

（a）钢结构　　　　　　　　（b）钢筋混凝土结构

（c）砌体结构（砖混结构）　　（d）砌体结构（砖木结构）

（e）木/竹结构（木结构）　　（f）其他结构（土木结构）

图3-6　不同结构倒塌房屋示例

塌，需采取排险措施、大修或者局部拆除，无维修价值的房屋；以及因灾遭受严重损坏，需进行较大规模修复的牧区帐篷。

严重损坏房屋主要表现为：地基基础尚保持稳定，基础多数构件损坏，承重墙、柱有明显歪闪或者局部倒塌，少数或者部分承重墙面、承重柱体损坏（酥碎、明显裂缝等），楼、屋盖大多数承重构件损坏，多数非承重构件损坏。其中，"大多数"可参照"＞2/3"，"多数"可参照"＞1/2"，"部分"可参照"1/3～1/2"，"少数"可参照"1/10～1/3"，下同。

不同结构严重损坏房屋示例如图3-7所示。

4.一般损坏房屋

一般损坏房屋指因灾导致房屋多数承重构件出现轻微裂缝，部

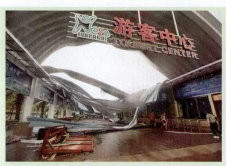

（a）钢结构

（c）砌体结构（砖混结构）

（d）砌体结构（砖木结构）

（e）木/竹结构（木结构）

（f）其他结构（土木结构）

图3-7　不同结构严重损坏房屋示例

分出现明显裂缝；个别非承重构件遭受严重破坏；需进行修理，采取安全措施后可以继续使用的房屋；以及因灾遭受损坏，需进行一般修理，采取安全措施后可以继续使用的牧区帐篷。

一般损坏房屋主要表现为：地基基础基本保持稳定，基础少数构件损坏，楼、屋盖部分承重构件损坏，部分非承重构件损坏。

不同结构一般损坏房屋示例如图3-8所示。

（a）钢结构

（b）钢筋混凝土结构

（c）砌体结构（砖混结构）

（d）砌体结构（砖木结构）

（e）木/竹结构（木结构）

（f）其他结构（石木结构）

图3-8 不同结构一般损坏房屋示例

5.倒损房屋统计注意事项

在统计房屋因灾倒损情况时，需要特别注意以下6个要点。

（1）房屋包括住宅房屋（农村居民住房、城镇居民住房）和非住宅房屋（商业、办公、工业、公共服务等用途房屋），不含独立的厨房、牲畜棚等辅助用房，以及活动房、工棚、简易房等临时房屋。因地质灾害风险隐患等原因列入拆迁的房屋，不能统计进入倒损房屋。

（2）统计中，以具有完整、独立承重结构的房屋整体为基本判定单元（一般含多间房屋），以户、自然间为计算单位。因灾遭受严重损坏，无法修复的牧区帐篷，每顶按3间计算；住房面积按建筑面积计算，只知道使用面积的，可用以下公式换算：使用面积÷0.7＝建筑面积；针对一些应用需求，可以参考30平方米/间的标准进行间数折算。

（3）倒损房屋户数与间数之间不存在换算关系。间数按照自然间独立统计，切勿将一户倒房的所有自然间均统计为倒塌间数，应按实际情况统计。例如，一户倒塌2间、严损2间、一般损1间，统计为倒塌房屋1户、倒塌2间、严损2间、一般损1间。

（4）对于既有倒塌房屋也有损坏房屋出现的家庭，在统计倒损房屋户数时，只计入一次，以受灾最重的类型为计入类型。

（5）针对发生倒损房屋的家庭，要开展倒损住房统计调查工作，分户建立"因灾倒塌损坏住房户一览表"，在核报阶段由县级应急管理部门通过"国家自然灾害灾情管理系统"上报，并整理倒塌损坏住房照片等影像资料备查。

（6）房屋倒损情况与列入恢复重建计划的房屋没有严格对应关系。

（三）农作物受灾情况指标

农作物包括粮食作物、经济作物和其他作物。其中，粮食作物是稻谷、小麦、薯类、玉米、高粱、谷子、其他杂粮和大豆等作物的总称；经济作物是蔬菜、棉花、油料、麻类、糖料、烟叶、蚕茧、茶叶、水果等作物的总称；其他作物是青饲料、绿肥等作物的总称。

根据农作物受灾程度的不同，可分为受灾、成灾、绝收3种情况。

（1）**农作物受灾面积**：指因灾减产一成以上的农作物播种面积（含成灾、绝收面积），如果同一地块的当季农作物多次受灾，只计算一次。农作物受灾面积主要反映的是受到灾害影响的农作物范围，在一次灾害过程中，应填报实际受灾面积。如果同一地块的当季农作物在生长过程中多次受灾，则在年报中应将重复受灾情况予以核减，只计算其中受灾最重的一次，并且以播种面积计算（否则就可能出现受灾面积大于播种面积的错误）。如果同一地块不同季农作物分别受灾，则在年报中应累计统计，下同。

（2）**农作物成灾面积**：指在受灾面积中，因灾减产三成以上的农作物播种面积（含绝收面积）。这种情况下，农作物受灾情况已经相当明显，收成减产已经不可避免。

（3）**农作物绝收面积**：指在成灾面积中，因灾减产八成以上的农作物播种面积。农作物绝收面积主要反映的是农作物受灾的严重程度，同一季农作物的生长期内只能统计1次。在统计时还需要注意这样的情况：以旱灾为例，在农作物初始生长期内遭受严重灾害后，对于抢种、补种成活后的面积只计入受灾面积，而把前期播种的受灾情况计入农业直接经济损失；对于抢种、补种但没有成活的面积则计入绝收面积。在统计洪涝、台风、风雹等其他灾害影响时，如遇类似情况，可参照此方法进行统计。

农作物受灾面积、成灾面积、绝收面积之间的逻辑关系如图3-9所示。农作物受灾面积≥农作物成灾面积≥农作物绝收面积。特殊情况下，三者可能相等。例如，当某一地区连续数月大范围遭受旱灾，其中受灾严重的局部地区，可能所有播种的农作物都会绝收，这时，农作物受灾面积、成灾面积、绝收面积三者之间就是相等关系。

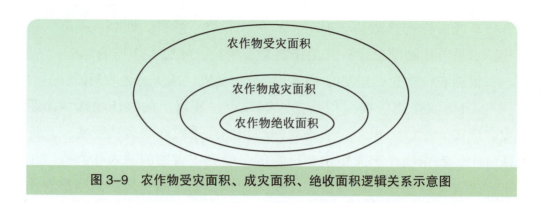

图3-9　农作物受灾面积、成灾面积、绝收面积逻辑关系示意图

在实际工作中需要注意：①当折算出的每公顷农业损失过大时，需要解释原因；②要注意不同面积单位之间的换算关系（表3-1），避免统计汇总时出现错误。

表3-1　与灾情统计有关的面积单位换算关系

名称	符号	换算关系
千公顷	kha	1千公顷=1.5万亩
平方千米	km²	1平方千米=100万平方米=100公顷=1500亩
公顷	ha	1公顷=15亩=10000平方米
亩		1亩=666.7平方米

（四）直接经济损失

直接经济损失指受灾体遭受自然灾害后，自身价值降低或者丧失所造成的损失。直接经济损失的基本计算方法是：受灾体损毁前的实际价值与损毁率的乘积。救援救灾、生产生活环境恢复、生态修复等所发生的费用，不计入直接经济损失。因自然灾害导致停产、停业等所造成的产值、营业额损失为间接经济损失，不计入直接经济损失。

直接经济损失包含6个主要类别，分别是住房及家庭财产损失、农林牧渔业损失、工矿商贸业损失、基础设施损失、公共服务损失，以及前述五类损失以外的其他损失。各分项直接经济损失具体核算方法见《灾害信息员工作手册（县级以下）》，并参考当地相关涉灾部门的意见。

1.住房及家庭财产直接经济损失

1）住房直接经济损失

住房直接经济损失指以居住为使用目的的房屋因自然灾害倒塌或损坏造成的直接经济损失。根据《自然灾害情况统计调查制度》，房屋统计不含独立的厨房、牲畜棚等辅助用房、活动房、工棚、简易房和临时房屋。住房损失分为农村居民住宅用房经济损失和城镇居民住宅用房经济损失两部分。农村居民房屋基于受损结构户数和间数来评估经济损失；城镇居民房屋基于受损结构户数和面积来评估经济损失。

2）家庭财产直接经济损失

家庭财产包括生产性固定资产、家庭耐用消费品以及其他财产。

（1）生产性固定资产：指生产过程中使用年限较长、单位价值较高，并在使用过程中保持原有物质形态的资产。其中，农村家庭生产性固定资产需同时具备两个条件：使用年限在2年以上，单位价值在50元以上。农村家庭生产性固定资产主要统计拖拉机、脱粒机、收割机、农用水泵等。

（2）家庭耐用消费品：指使用寿命较长，一般可多次使用并且用于生活消费的物品，包括组合家具、摩托车、助力车、家用汽车、洗衣机、电冰箱、电视机、家用电脑、组合音响、摄像机、照相机、钢琴、其他中高档乐器、微波炉、空调机、沐浴热水器、消毒碗柜、健身器材、固定电话、移动电话等。家庭耐用消费品损失示例如图3-10所示。

（3）其他财产：主要指家庭装修、室内装饰等。

注意：家庭财产统计不含土地损失；文物（如书画、古玩）等因实际价值难以准确衡量不作统计；个人贵重物品（如金银首饰等）因难以准确确定数量不作统计；宠物、金融资产等不作统计；生产性固定资产中农业机械等若只做家庭自用时，进行统计，若用于经营盈利，则计入农业经济损失类农业机械损失中，如商业承包制个体大户的拖拉机、脱粒机、收割机、水泵等损失计入农业经济损失中。

（a）家用汽车损坏　　　　　　（b）室内家具损坏

图 3-10　家庭耐用消费品损失示例

2.农林牧渔直接经济损失

1）农业直接经济损失

农业直接经济损失指自然灾害对农作物、农业设施等造成的直接经济损失，示例如图3-11所示。农作物包括粮食作物、经济作物和其他作物。其中，粮食作物是稻谷、小麦、薯类、玉米、高粱、谷子、其他杂粮和大豆等作物的总称；经济作物是蔬菜、棉花、油料、麻类、糖料、烟叶、蚕茧、茶叶、水果等作物的总称；其他作物是青饲料、绿肥等作物的总称。农业设施是农业大棚、高标准农田设施等设施的总称。

（a）水稻冲毁　　　　　　　（b）火龙果大棚损坏

图 3-11　农业直接经济损失示例

2）林业直接经济损失

林业直接经济损失指自然灾害对草场、林地造成的直接经济损失，示例如图3-12所示。具体可基于草场受灾面积、草场过火面积、林地受灾面积、林地过火面积评估林业草原经济损失。

（a）苗圃干旱枯死　　　　　　　（b）草场火灾损毁

图3-12　林业直接经济损失示例

对于特别重大自然灾害，林业经济损失由森林经济损失、灌木林地和疏林地经济损失、未成林造林地经济损失、苗圃良种经济损失、受损野生动植物驯养繁殖基地（场）经济损失和林区基础设施经济损失六部分组成。其中森林经济损失主要基于森林受灾面积、受损林木蓄积量进行损失评估；灌木林地和疏林地、未成林造林地以及苗圃良种经济损失主要基于受灾面积进行损失评估；受损野生动植物驯养繁殖基地（场）经济损失主要基于受损基地（场）数量进行损失评估。

3）畜牧业直接经济损失

畜牧业直接经济损失指自然灾害对牲畜、家禽、圈舍、饲草料造成的直接经济损失，示例如图3-13所示。

其中，死亡畜禽经济损失基于死亡大牲畜数量、死亡小牲畜数量和死亡家禽数量进行损失评估；倒塌损坏畜禽圈舍经济损失基于倒塌损坏畜禽圈舍面积进行损失评估；受损饲草料经济损失基于受损饲草料数量进行损失评估。

（a）牲畜冻死　　　　　　　　（b）圈舍倒损

图 3-13　畜牧业直接经济损失示例

4）渔业直接经济损失

渔业直接经济损失主要指自然灾害对水产养殖业造成的直接经济损失，包括水产品、水产种苗、养殖设施等的损失，示例如图3-14所示。一般而言，水产品和种苗主要基于受灾水产养殖面积和水产品损失量进行损失评估；受损养殖设施则基于计件、计里程量等进行损失评估。

（a）鱼虾死亡　　　　　　　　（b）网箱损毁

图 3-14　渔业直接经济损失示例

3.工矿商贸直接经济损失

工矿商贸业直接经济损失指自然灾害对工业、批发和零售业、住宿和餐饮业、金融业等企业和网点厂房、仓库、设备设施、原材料、半成品、产成品、待售商品等造成的损失，示例如图3-15所示。相关损失的估算主要根据对应损失对象的房屋价值、室内财产、仪器设备、货物价值等的价值损失来进行损失评估。

（a）超市商品损坏　　　　　　（b）生产设备损坏

图3-15　工矿商贸直接经济损失示例

注意：职工家属楼等房屋和室内财产损失需计入住房及家庭财产经济损失；电力生产和供应业损失计入基础设施经济损失；热力、燃气及水生产和供应业损失按所属地区不同分别计入市政设施经济损失、农村生活设施经济损失。住宿业指有偿为顾客提供临时住宿的服务活动，不包括提供长期住宿场所的活动（如出租房屋、公寓等）。

4.基础设施直接经济损失

基础设施直接经济损失指自然灾害对交通运输、通信、能源、水利、市政等部门修建的基础设施和农村地区生活设施的经济损失。

1）交通运输设施经济损失

交通运输设施经济损失指公路、铁路、水运航道、机场等基础设施的直接经济损失。公路经济损失包括公路设施（路基、路面、桥梁、隧道、护坡、驳岸、挡墙等，可根据公路等级核算）、客/货运站和服务区的损失，示例如图3-16所示。铁路运输设施经济损失包括铁路设施（路基、桥梁、涵洞、隧道、护坡、驳岸、挡墙）、客/货运站、运输工具（车厢）等方面的经济损失。水运经济损失包括受损航道、受损船闸和受损码头泊位的直接经济损失，并对长度、数量等进行评估。航空设施经济损失包括受损机场和受损飞机的直接经济损失。

（a）公路坍塌　　　　　　　　　　（b）桥梁损毁

图 3-16　公路设施直接经济损失示例

注意：城镇道路计入市政损失，农村地区村内道路计入农村生活设施损失，厂矿道路计入工矿商贸损失，林区道路计入林业损失，自然保护区内道路、游览景区道路损失计入服务业（文化）损失。

2）通信设施经济损失

通信设施经济损失指自然灾害对通信线路、通信基站等基础设施造成的直接经济损失，示例如图3-17所示。对于特别重大自然灾害，通信设施经济损失还须细化统计邮政设施经济损失。

图 3-17　通信塔倒塌

注意：铁路中的通信线路计入基础设施经济损失。

3）电力设施经济损失

电力设施经济损失指自然灾害对电力线路、输变电设备等基础设施造成的直接经济损失，示例如图3-18所示。对于特别重大自然灾害，还需增加统计煤、油、气等能源设施的损失。

（a）输电塔损毁　　　　　　　　（b）电缆损毁

图 3-18　电力设施经济损失示例

4）水利设施经济损失

水利设施经济损失指自然灾害对水库、水电站、堤防、护岸、水闸、塘坝等基础设施造成的直接经济损失，示例如图3-19所示。对于特别重大自然灾害，还需细化统计灌溉设施、人饮工程设施等的经济损失。

（a）洪水冲毁堤坝　　　　　　　（b）震后水坝坍塌

图 3-19　水利设施经济损失示例

注意：城市防洪排灌设施损失计入市政设施损失。

5）市政设施经济损失

市政设施经济损失指自然灾害对市政道路、供排水管网、供气供热管网等基础设施造成的直接经济损失，示例如图3-20所示。对于特别重大自然灾害，还需细化统计市政垃圾处理设施、城市绿地、城市防洪设施等的直接经济损失。

（a）供热管网损毁　　　　　　　（b）地下水管破裂

图 3-20　市政设施经济损失示例

6）农村生活设施直接经济损失

农村生活设施直接经济损失指自然灾害对村道、供水管网、供电线路等造成的直接经济损失，示例如图3-21所示。其中村道指直接为农村生产、生活服务，不属于乡道及以上公路的建制村之间和建制村与乡镇间联络的公路。农村生活设施经济损失主要为村里管辖的基础设施损失，如由村里出资组织修建的道路、管网等。由国家各级（含乡镇）直接出资建设，并由乡镇及以上单位管理的基础设施计入相应的基础设施直接经济损失类别。

（a）乡村道路损坏　　　　　　　（b）乡村电缆损毁

图 3-21　农村生活设施直接经济损失示例

5.公共服务设施直接经济损失

公共服务设施直接经济损失指教育、科技、文化体育、医疗卫生、社会服务与管理、广播电视、新闻出版服务等公共服务设施因自然灾害造成的直接经济损失。对于特别重大自然灾害，文化遗产的经济损失也应统计在内。

公共服务设施的直接经济损失主要包括对应系统的设备设施、办公用房和其他室内财产损失。

三、自然灾害救灾工作统计指标

救灾工作情况统计指标主要包括：启动响应情况、救灾资金情况、救灾物资情况、人员救助和房屋恢复重建情况等。

（一）启动响应情况

"救灾工作情况统计快报表"包含2项启动响应情况指标，分别为本级启动响应时间、本级启动响应级别，按快报报送要求，针对单场次灾害过程填报。本级启动响应时间指本级启动自然灾害救助应急响应的时间，采用公历和24小时标准时，按"年–月–日–时"格式填写。本级启动响应级别指启动本级自然灾害救助应急响应的级别，根据响应级别，填写一级、二级、三级或者四级；一次灾害过程启动多级应急响应的，填报时取当前时刻最高等级。

"救灾工作情况统计年报表"包含1项启动响应情况指标，为本级启动响应次数，指本年度本级政府启动救灾应急响应的次数。对于一次灾害过程启动多级应急响应的，应当分别计次数。

（二）救灾资金情况

"救灾工作情况统计快报表"包含4项统计指标，分别为本级财政已安排生活救助方向资金、本级已支出生活救助方向救灾资金、本级已接收的救灾捐赠资金、本级已支出的救灾捐赠资金。"救灾工作情况统计年报表"还需统计下级已支出生活救助方向救灾资金，并对本级、下级已支出生活救助方向救灾资金，细化统计具体类别的支出情况，包括：已支出应急生活补助资金、已支出遇难人员家属抚慰金、已支出过渡期生活救助资金、已支出恢复重建补助资金、已支出旱灾救助资金。有关指标定义如下：

本级财政已安排生活救助方向救灾资金：指本级政府财政列支的用于本地区自然灾害生活救助工作的资金数额。不包括冬春救助资金。

本级已支出生活救助方向救灾资金：指本级政府已支出的自然灾害生活救助资金数额（包括上级拨付的）。

下级已支出生活救助方向救灾资金：指下级各级政府已支出的自然灾害生活补助资金之和。其中，县级应急管理部门不统计下级指标；地（市）级应急管理部门统计该地（市）所辖县级行政单位指标之和；省级应急管理部门统计该省所辖地（市）级、县级行政单位指标之和。

已支出应急生活补助资金：指已经用于受灾人员应急生活补助和紧急转移安置，解决受灾人员灾后应急期间无力克服的吃、穿、住等临时生活困难的资金数额。

已支出遇难人员家属抚慰金：指已经发放给因灾死亡人员家属的慰问金。

已支出过渡期生活救助资金：指已经用于帮助解决受灾人员灾后过渡期基本生活困难的资金数额。

已支出恢复重建补助资金：指已经用于帮助因灾住房倒塌或者严重损坏的受灾人员重建基本住房，帮助因灾住房一般损坏的受灾人员维修损坏房屋的资金数额。

已支出旱灾救助资金：指已经用于帮助因旱造成生活困难的群众解决口粮和饮水等基本生活困难的资金数额。

本级已接收的救灾捐赠资金：指本级政府已接收的来自各类机关、事业单位、人民团体和社会组织向本地区灾区捐赠的各类资金数额。

本级已支出的救灾捐赠资金：指本级政府所接收救灾捐赠资金中列支的自然灾害生活救助资金数额。

（三）救灾物资情况

"救灾工作情况统计快报表""救灾工作情况统计年报表"中救灾物资情况统计指标相同，包括帐篷、衣被、其他救灾物资三种统计对象和安排、发放两种统计状态，共有6项指标：本级安排的帐篷数量、本级安排的衣被数量、本级安排的其他救灾物资数量、本级发放的帐篷数量、本级发放的衣被数量、本级发放的其他救灾物资数量。具体定义如下：

本级安排的帐篷／衣被／其他救灾物资数量：指本级政府安排的用于受灾人员生活救助的帐篷／衣被／其他救灾物资数量（不包括上、下级安排的）。

本级发放的帐篷／衣被／其他救灾物资数量：指本级政府用于受灾人员生活救助发放的帐篷／衣被／其他救灾物资数量（包括上级调拨下发的）。

（四）人员救助和房屋恢复重建情况

本类指标仅在"救灾工作情况统计年报表"中填报。

人员救助情况包含1项指标，为已救助人口，指因遭受自然灾害得到应急生活补助、遇难人员家属抚慰金、过渡期生活救助、恢复重建补助、旱灾救助等各类生活救助的人员总数。不包括冬春救助人数。

房屋恢复重建情况包含8项指标，分别为需重建住房户数、已重建住房户数、需重建住房间数、已重建住房间数、需维修住房户数、已维修住房户数、需维修住房间数、已维修住房间数。其中，已重建和维修房屋为需重建和维修房屋的二级指标，前者应包含在后者的统计中。指标的具体定义如下：

需／已重建住房户数：指倒塌或者严重损坏居民住房中需要／已经重建的家庭数量。

需／已重建住房间数：指倒塌或者严重损坏居民住房中需要／已经重建的房屋间数。

需 / 已维修住房户数：指一般损坏居民住房中需要 / 已经维修的家庭数量。

需 / 已维修住房间数：指一般损坏居民住房中需要 / 已经维修的房屋间数。

第四章

灾情统计报送

灾情统计报送包括自然灾害快报、自然灾害情况年报、受灾人员冬春生活救助情况报告。

一、自然灾害快报

自然灾害快报主要反映洪涝灾害、干旱灾害、台风灾害、风雹灾害、低温冷冻灾害、雪灾、沙尘暴灾害、地震灾害、地质灾害、海洋灾害、森林草原火灾、生物灾害等自然灾害发生、发展情况和救援救灾情况。

1.报送内容

（1）村（社区）须报送内容（图4-1）：①简明灾情报告［见村（社区）灾情简明报告模板］；②救灾工作情况；③反映灾害情况和救灾工作的照片；④对于因灾死亡失踪人口和倒塌损坏房屋情况，要上报"因灾死亡失踪人口台账"和"因灾倒塌损坏住房户台账"。

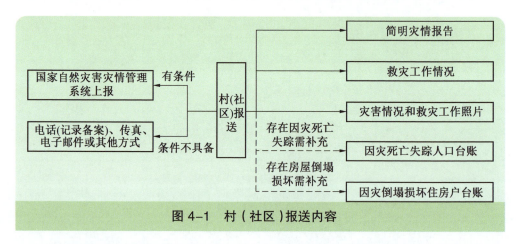

图 4-1　村（社区）报送内容

村（社区）向乡（镇、街道）报送灾情时，有条件的应通过"国家自然灾害灾情管理系统"上报；条件不具备的，可采用电话、传真、电子邮件或其他方式报告，电话报告时应做好电话记录备案。

（2）乡（镇、街道）须报送内容（图4-2）：①"自然灾害损失情况统计快报表"［特殊情况下，上报简明灾情报告，见乡（镇、街道）灾情简明报告模板］，对于启动国家或地方救灾应急响应的重特大自然灾害，乡（镇、街道）相关涉及部门应进行会商，统一灾情上报口径；②"救灾工作情况统计快报表"（特殊情况下，上报简明救灾工作情况报告）；③反映灾害情况和救灾工作的照片；④对于因灾死亡失踪人口和倒塌损坏房屋情况，汇总所辖行政村（社区）填报的"因灾死亡失踪人口台账"和"因灾倒塌损坏住房户台账"，上报到县级应急管理部门；对于启动国家或地方救灾应急响应的重特大自然灾害，须有相应直接经济损失台账（见第五章简明台账模板）。

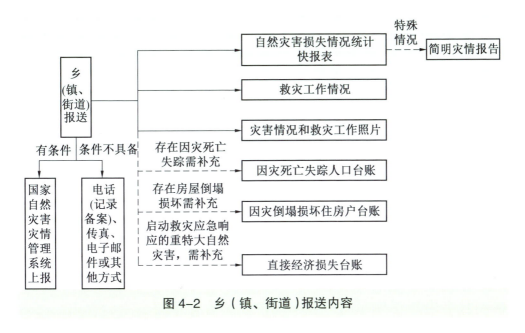

图4-2 乡（镇、街道）报送内容

乡（镇、街道）向县级上报灾情时，应通过"国家自然灾害灾情管理系统"上报；特殊情况下，可采用电话、传真、电子邮件或其他方式上报。

村（社区）灾情简明报告模板

××年××月××日，××村遭受××灾害，造成××人受灾，紧急转移安置××人，其中集中安置××人，紧急避险转移××人，需紧急生活救助××人（旱灾时：因旱需生活救助××人，其中因旱饮水困难需救助××人）；××、××（农作物种类）等农作物受灾

××公顷，其中绝收××公顷；××户××间房屋倒塌，××户××间严重损坏，××户××间一般损坏；××、××等基础设施损毁，××、××等工矿商贸企业受损；直接经济损失××万元。

乡（镇、街道）灾情简明报告模板

××年××月××日，××乡（镇、街道）××、××（行政村名称）等××个村（社区）遭受××灾害，造成××人受灾，紧急转移安置××人，其中集中安置××人，紧急避险转移××人，需紧急生活救助××人（旱灾时：因旱需生活救助××人，其中因旱饮水困难需救助××人）；××、××（农作物种类）等农作物受灾××公顷，其中绝收××公顷；××户××间房屋倒塌，××户××间严重损坏，××户××间一般损坏；××、××（基础设施名称）等基础设施损毁，××、××（工矿商贸企业名称）等工矿商贸企业受损；直接经济损失××万元。

2.上报步骤

自然灾害快报的上报分为初报、续报、核报3个步骤，跟踪报告灾情发展情况和救灾工作开展情况，直到灾情稳定为止。

1）突发性自然灾害快报

初报：自然灾害发生后，村（社区）应当在灾害发生后1小时内上报乡（镇、街道），乡（镇、街道）在接到灾情后半小时内汇总上报到县级应急管理部门。要牢固树立"有灾即报、主动报灾、不等不拖"的思想，避免"小灾不报、不问不报、积累打包报"等情况出现。

对于造成人员死亡失踪的自然灾害以及敏感灾害信息、可能引发重大以上突发事件的信息、社会舆论广泛关注的热点和焦点灾害事件等，应立即逐级上报。接到应急管理部门要求核实灾情信息的指令，应及时反馈情况，对具体情况暂不清楚的，应先报告灾情概要，随后核查反馈详细情况。接到应急管理部智能语音外呼平台95119号码来电时，请耐心接听，按照电话内语音提示完成语音问答。

续报：在灾情稳定前，及时统计更新上报灾情。对于启动省级及以上自然灾害救助应急响应的自然灾害，执行24小时零报告制度。24小时零报告制度是指在灾害发展过程中，每24小时须至少上报一次灾情，即使数据没有变化也须上报，直至灾害过程结束。其中，行政村（社区）每日11时前向乡（镇、街道）上报前24小时灾情，乡（镇、街道）每日12时前向县级应急管理部门上报前24小时灾情。要说明的是：上报续报时，不必非要等到每24小时上报一次灾情，当灾情发展变化迅速时，要及时上报灾情。例如，有人员死亡和失踪的变化、主要灾情指标变化较大，尤其是一些涉及启动响应条件的关键性指标变化突出时都要第一时间上报。

核报：在灾情稳定后，村（社区）应当在2日内核定灾情，上报乡（镇、街道），乡（镇、街道）在2日内汇总上报到县级应急管理部门。

突发性自然灾害快报流程如图4-3所示。

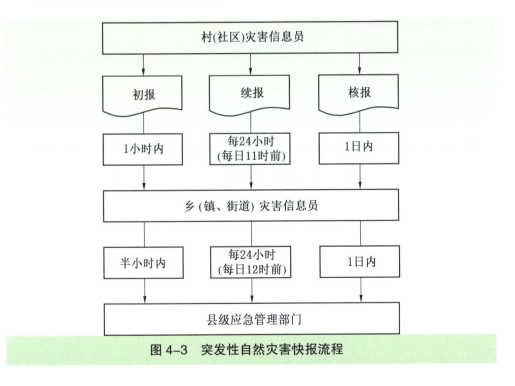

图4-3 突发性自然灾害快报流程

2）干旱灾害快报

干旱灾害属于缓发性自然灾害。在旱情初露，群众生活受到一定影响时，村（社区）上报乡（镇、街道），乡（镇、街道）汇总情况后上报到县级应急管理部门。在旱情发展过程中，村（社区）、乡（镇、街道）每10日至少续报一次；对于启动国家自然灾害救助应急响应的干旱灾害，每5日至少续报一次灾害过程结束后及时核报。核报数据中各项指标均采用整个旱灾过程中该指标的最大值。特别强调的是，要灵活理解旱灾报送的时限要求。对于旱灾的续报，地方各级应急管理部门至少每10日上报一次灾情，如果遇到旱灾发展变化突出的情况，要及时更新灾情，不要局限于等到10日才报一次，以免延误报送时机。

干旱灾害快报流程如图4-4所示。

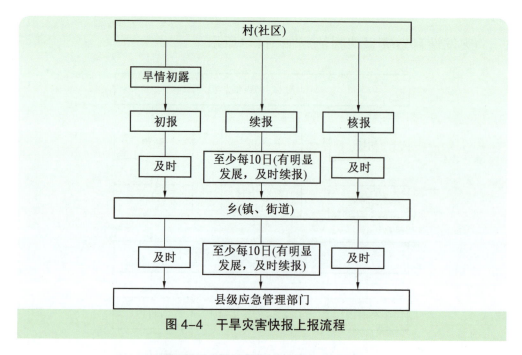

图4-4 干旱灾害快报上报流程

二、自然灾害情况年报

自然灾害情况年报反映全年（1月1日—12月31日）因自然灾害造

成的损失情况及救灾工作情况。村（社区）应当在每年9月下旬开始核查本年度本行政区域内的自然灾害情况和救灾工作情况，于9月30日前将年报（初报）上报乡（镇、街道），乡（镇、街道）于10月10日前汇总上报到县级应急管理部门，乡（镇、街道）上报年报初报之前，本级相关涉灾部门应进行会商。村（社区）于12月31日前将年报（核报）上报乡（镇、街道），乡（镇、街道）于次年1月5日前汇总上报到县级应急管理部门，如图4-5所示。

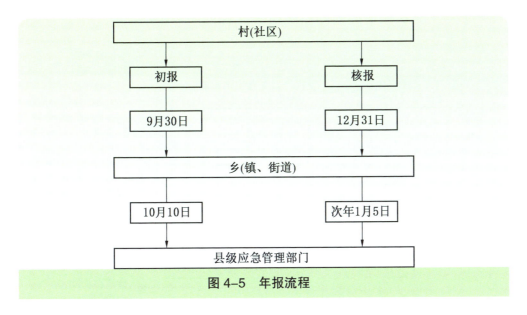

图4-5　年报流程

三、受灾人员冬春生活救助情况报告

冬春生活救助情况报告统计冬春受灾人员生活救助情况。冬春生活救助时段为每年的12月至次年的5月（一季作物区至次年的7月）。

每年9月开始，村（社区）应当着手调查、核实、汇总当年冬季和次年春季本行政区域内受灾家庭基本生活困难且需救助情况，填报《受灾人员冬春生活政府救助人口一览表》（基本信息和需救助部分内容），于10月10日前上报乡（镇、街道）。乡（镇、街道）在接到村（社区）报表后，应及时核定本地区情况、汇总数据，于10月20日前将本地区汇总数据上报到县级应急管理部门。

在下年的3—5月（一季作物区为3—7月）期间，冬春救助工作完成后，村（社区）应对本行政区域内受灾人员冬春生活已救助的情况进行调查、核实、汇总，填写《受灾人员冬春生活政府救助人口一览表》（已救助部分内容），于5月20日（一季作物区为7月20日）前报乡（镇、街道）。乡（镇、街道）在接到村（社区）报表后，应及时核定本地区情况、汇总数据，于5月25日（一季作物区为7月25日）前报县级应急管理部门。

受灾人员冬春生活救助情况报告流程如图4-6所示。

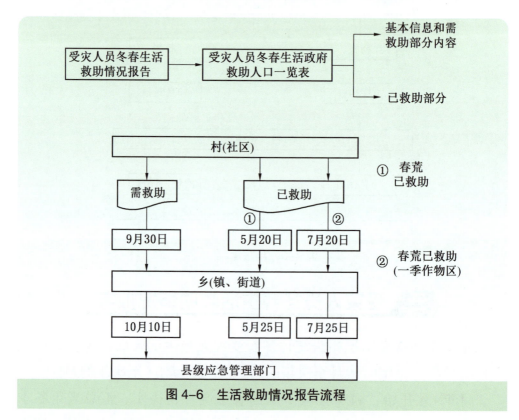

图 4-6　生活救助情况报告流程

第五章

灾情台账管理

台账原指放在台上供人翻阅的账簿，后引申为明细记录表。灾情台账的主要作用是收集和记录各类救灾救助的具体数据，为灾情统计和评估提供第一手资料。台账主要内容包括自然灾害发生的时间地点、灾害种类、受灾范围、人员伤亡、设施损毁、灾害损失、救灾工作开展情况、受灾人员救助情况等。

一、因灾死亡失踪人口台账

"因灾死亡失踪人口台账"反映因灾害造成的人员死亡、失踪情况，主要参照《自然灾害情况统计调查制度》中的"因灾死亡失踪人口一览表"。

填报"因灾死亡失踪人口台账"的同时，要上报因灾死亡失踪人口情况报告，对人员死亡失踪过程进行分析，包含以下要素：死亡时间、地点、人员信息，死亡事件过程描述，是否接到预警信息，是否是在山洪、地质灾害等危险区或隐患点遇难，人员死亡失踪主客观原因分析，救援处置措施等。该报告应由属地应急管理部门出具并盖章，并附相关部门对于死亡原因（自然灾害、安全事故、刑事案件等）的认定报告，通过"国家自然灾害灾情管理系统"上报。

因灾死亡失踪人口一览表

_____省（自治区、直辖市）

_____市（自治州、盟、地区）

_____县（市、区、自治县、旗、自治旗、特区、林区）

行政区划代码：

填报单位（盖章）：_____20__年__月

表　　号：D01

制定机关：国家防灾减灾委员会办公室、应急管理部

批准机关：国家统计局

批准文号：国统制〔2024〕82号

有效期至：2027年3月

D01001	姓名_____
D01002	性别 □　1.男　　2.女
D01003	年龄_____

D01004	民族＿＿＿＿＿＿＿＿＿
D01005	户口所在地＿＿＿＿＿＿＿＿＿
D01006	身份证号＿＿＿＿＿＿＿＿＿
D01007	死亡/失踪类型 □ 1.死亡 2.失踪
D01008	死亡失踪地点＿＿＿＿＿＿＿＿＿
D01009	死亡失踪时间＿＿＿＿＿＿＿＿＿
D01010	死亡失踪原因 □ 1.江河洪水冲淹 2.山洪冲淹 3.崩塌埋压 4.滑坡埋压 5.泥石流冲埋 6.地面塌陷 7.房屋倒塌 8.构筑物倒塌 9.落水 10.高空坠物 11.高处坠落 12.雷击 13.雪崩 14.低温 15.树木倒压 16.森林草原火灾 17.救援救灾 18.其他原因
D01011	灾害种类 □ 1.洪涝灾害 2.干旱灾害 3.地质灾害 4.台风灾害 5.地震灾害 6.风雹灾害 7.雪灾 8.低温冷冻灾害 9.沙尘暴灾害 10.森林草原火灾 11.海洋灾害 12.生物灾害
D01012	抚慰金发放金额＿＿＿＿＿＿＿＿＿元
D01013	抚慰金发放形式 □ 1.现金 2.一卡通
D01014	领款人姓名＿＿＿＿＿＿＿＿＿
D01015	领款人身份证号＿＿＿＿＿＿＿＿＿
D01016	领款人联系方式＿＿＿＿＿＿＿＿＿
D01017	领款人住址＿＿＿＿＿＿＿＿＿
D01018	与死亡失踪人员关系＿＿＿＿＿＿＿＿＿
D01019	致灾过程简要描述＿＿＿＿＿＿＿＿＿

单位负责人： 统计负责人： 填表人： 报出日期： 年 月 日

填报说明：

本表由县级以上（含县级）应急管理部门组织填报、汇总，与公安、自然资源、水利、卫生健康等相关部门建立信息共享和通报机制。各省（自治区、直辖市）和新疆生产建设兵团应急管理厅（局）上报本表时应将分地市、分县、分乡镇报表一并上报。

主要指标说明：

1.户口所在地：指因灾死亡和失踪人员户籍所在的省（自治区、直辖市）、地（市）、县（市、区）、乡（镇、街道）、行政村（社区）。

2.死亡失踪地点：指人员因灾死亡或失踪发生所在的省（自治区、直辖市）、地（市）、县（市、区）、乡（镇、街道）、行政村（社区）、组

（自然村）。

3.死亡失踪时间：指人员因灾死亡或失踪的具体日期。

4.死亡失踪原因：指自然灾害造成人员死亡或者失踪的直接原因。死亡失踪原因可以多选。死亡失踪原因包括：①江河洪水冲淹，指因江河洪水、中小河流冲淹直接造成人员死亡或者失踪；②山洪冲淹，指因山洪直接冲淹，或者由其引发的房屋或者构筑物倒塌埋压造成人员死亡或者失踪；③崩塌埋压，指因岩土体坠落翻滚等直接撞击埋压，或者由其引发的房屋或构筑物倒塌埋压造成人员死亡或者失踪；④滑坡埋压，指因山体滑坡直接埋压，或者由其引发的房屋或构筑物倒塌埋压造成人员死亡或者失踪；⑤泥石流冲埋，指因泥石流直接冲击埋压，或者由其引发的房屋或者构筑物倒塌埋压造成人员死亡或者失踪；⑥地面塌陷，指因地面岩土体向下陷落形成凹陷、坑洞或裂缝，或者由其引发的房屋或构筑物倒塌埋压造成人员死亡或者失踪；⑦房屋倒塌，指因自然灾害引发房屋倒塌砸中或者埋压造成人员死亡或者失踪；⑧构筑物倒塌，指因自然灾害引发的围墙、道路、水坝、水井、水塔、桥梁、隧道、烟囱、路灯、线杆等构筑物倒塌造成人员死亡或者失踪；⑨落水，指因自然灾害导致直接人员落水溺亡或者失踪；⑩高空坠物，指因强风、强降雨等自然因素导致建筑物的悬挂物、外层建筑材料、装饰品、搁置物等脱落造成人员死亡或者失踪；⑪高处坠落，指因自然灾害直接导致人员从建筑物、构筑物等高处坠落死亡或者失踪，或者因被强风卷至空中坠落导致死亡或者失踪；⑫雷击，指因雷电击中造成人员死亡或者失踪；⑬雪崩埋压，指因雪崩直接埋压，或者由其引发的房屋或构筑物倒塌埋压造成人员死亡或者失踪；⑭低温，指因低温冷冻或雪灾等导致人体失温死亡；⑮树木倒压，指因强风、强降雨等自然因素导致树木倒伏造成人员死亡或者失踪；⑯森林草原火灾，指因森林草原火灾造成人员死亡或者失踪；⑰救援救灾，指在开展抢险救援救灾时造成的工作人员死亡或者失踪；⑱其他原因，指除上述原因外，以自然灾害为直接原因导致死亡或者失踪。填报时须在"备注"栏内注明具体原因。

5.领款人住址：需填写至门牌号。

6.与死亡失踪人员关系：指抚恤金领取人员与死亡失踪人员的亲缘关系。

二、集中安置人员台账

集中安置人员台账

填报单位（盖章）：_____

____省（自治区、直辖市）____市（自治州、地区、盟）____县（区、市、旗）____集中安置点

集中安置点设立及撤销时间：

累计集计集中安置人数：_____当前集中安置人数：

序号	姓名	性别	年龄	身份证号	联系电话	安置地点	家庭住址	集中安置起止时间	备注（少数民族、病史等）
1									
2									
3									
……									

单位负责人：　　　　　统计负责人：　　　　　填表人：　　　　　报出日期：　　年　月　日

填表说明：

1. 每个集中安置点均要求建立台账。
2. 地方可根据工作实际，在本台账基础上适当增加相关项目和内容。
3. 安置地点：精确到安置点房间号。
4. 家庭住址：精确到行政村（社区）。

三、需过渡期生活救助人口台账

需过渡期生活救助人口是指因自然灾害造成房屋倒塌或者严重损坏需恢复重建、无房可住；因次生灾害威胁在外安置无法返家；因灾损失严重、缺少生活来源，需政府在应急救助阶段后一段时间内，帮助解决基本生活困难的人员数量（含非常住人口）。

需过渡期生活救助人口台账

填报单位（盖章）：

_____省（自治区、直辖市）_____市（自治州、地区、盟）_____县（区、市、旗）

序号	户主姓名	户主身份证号	户主联系电话	家庭人口数	家庭住址	需救助人口数	救助情况	备注
1								
2								
3								
……								

单位负责人：　　　统计负责人：　　　填表人：　　　报出日期：　　年　月　日

填表说明：

救助情况：指已经得到政府给予的口粮、衣被、取暖、医疗等方面救助及财政性生活救助资金的人员数量（含非常住人口）。

四、因灾倒塌损坏住房户台账

"因灾倒塌损坏住房户台账"反映因灾害造成的房屋受损情况，主要统计倒塌房屋、严重损坏房屋、一般损坏房屋数量以及受灾住房户信息。住宅用房按结构不同划分为钢结构、钢筋混凝土结构、砌体结构、木（竹）结构和其他结构等5种类型。主要参照《自然灾害情况统计调查制度》中的"因灾倒塌损坏住房户一览表"填报台账。

因灾倒塌损坏住房户一览表

_____省（自治区、直辖市）

_____市（自治州、盟、地区）

_____县（市、区、自治县、旗、自治旗、特区、林区）

行政区划代码：

填报单位（盖章）：_____20__年__月

表　　号：D02

制定机关：国家防灾减灾委员会办公室、应急管理部

批准机关：国家统计局

批准文号：国统制〔2024〕82号

有效期至：2027年3月

D02001	户主姓名_____
D02002	户主身份证号_____
D02003	户主联系方式_____
D02004	家庭类型 □　1.特困供养人员　2.低保户　3.返贫监测对象　4.其他困难户　5.一般户
D02005	家庭人口_____人
D02006	家庭住址_____
D02007	住房间数_____间
D02008	房屋结构 □　1.钢结构　2.钢筋混凝土结构　3.砌体结构　4.木（竹）结构　5.其他结构
D02009	受灾时间_____年_____月_____日
D02010	灾害种类 □　1.洪涝灾害　2.干旱灾害　3.地质灾害　4.台风灾害　5.地震灾害　6.风雹灾害　7.雪灾　8.低温冷冻灾害　9.沙尘暴灾害　10.森林草原火灾　11.海洋灾害　12.生物灾害
D02011	倒塌住房间数_____间
D02012	倒塌住房面积_____平方米
D02013	严重损坏住房间数_____间
D02014	严重损坏住房面积_____平方米
D02015	一般损坏住房间数_____间
D02016	一般损坏住房面积_____平方米
D02017	恢复重建资金发放金额_____万元
D02018	恢复重建其他投入折款_____万元
D02019	恢复重建资金发放形式 □　1.现金　2.一卡通

单位负责人：　　　统计负责人：　　　填表人：　　　报出日期：　　　年　月　日

填报说明：

本表由县级以上（含县级）应急管理部门组织填报、汇总。各省（自治区、直辖市）和新疆生产建设兵团应急管理厅（局）上报本表时应将分地市、分县、分乡镇报表一并上报。

主要指标说明：

1.家庭人口：指家庭中有户籍的人口数和无户籍但在此户居住超过半年的人口数。

2.家庭住址：指户主的家庭住址，需填写至门牌号。

3.受灾时间：指因灾导致家庭住房倒塌或者损坏的时间。采用公历填写。

4.恢复重建资金发放金额：指受灾地区政府发放给受灾家庭的恢复重建资金数额。

5.恢复重建其他投入折款：指受灾家庭房屋在重建或者修复过程中，由政府投入的人工、材料等非资金类救助的折款。

五、受灾人员冬春生活政府救助人口台账

"受灾人员冬春生活政府救助人口台账"反映当年冬季、次年春季受灾人员生活救助情况，主要参照《自然灾害情况统计调查制度》中的"受灾人员冬春生活政府救助人口一览表"填报台账。

受灾人员冬春生活政府救助人口一览表

_____省（自治区、直辖市）	表 号：D03
_____市（自治州、盟、地区）	制定机关：国家防灾减灾委员会办公室、应急管理部
_____县（市、区、自治县、旗、自治旗、特区、林区）	批准机关：国家统计局
行政区划代码：	批准文号：国统制〔2024〕82号
填报单位（盖章）：_____20__年__月	有效期至：2027年3月

D03001	户主姓名_____
D03002	户主身份证号_____
D03003	户主联系方式_____

D03004	家庭类型 □　1.特困供养人员　　2.低保户　　3.返贫监测对象　　4.其他困难户　　5.一般户
D03005	家庭人口＿＿＿＿＿
D03006	家庭住址＿＿＿＿＿＿＿＿＿＿＿＿＿＿＿＿＿＿＿＿＿＿＿＿＿
D03007	一卡（折）通账号＿＿＿＿＿＿＿＿＿＿＿＿＿＿＿＿＿＿＿＿
D03008	灾害种类 □　1.洪涝灾害　2.干旱灾害　3.地质灾害　4.台风灾害　5.地震灾害　6.风雹灾害　7.雪灾　8.低温冷冻灾害　9.沙尘暴灾害　10.森林草原火灾　11.海洋灾害　12.生物灾害
D03009	需救助人口＿＿＿＿＿人
D03010	已发放救助款＿＿＿＿＿元
D03011	已发放救助物资折款＿＿＿＿＿元
D03012	救助资金发放形式 □　1.现金　　2.一卡通

单位负责人：　　　统计负责人：　　　填表人：　　　报出日期：　　　年　　月　　日

填报说明：

　　本表由县级以上（含县级）应急管理部门组织填报、汇总。各省（自治区、直辖市）和新疆生产建设兵团应急管理厅（局）上报本表时应将分地市、分县、分乡镇报表一并上报。

主要指标说明：

　　1.家庭人口：指家庭中有户籍的人口数和无户籍但在此户居住超过半年的人口数。

　　2.家庭住址：指户主的家庭住址，需填写至门牌号。

　　3.需救助人口：指本户内因自然灾害造成基本生活困难，需要政府在当年冬季至次年春季予以救助的人员数量（含非常住人口）。

　　4.已发放救助款：指上年冬季至当年春季政府已经直接发放给本户需救助人口的用于救助的资金数量。

　　5.已发放救助物资折款：指上年冬季至当年春季政府已经直接发放给本户需救助人口的用于救助的救助物资折款金额。

六、直接经济损失台账

直接经济损失指受灾体遭受自然灾害后，自身价值降低或者丧失所造成的损失。其包括住房及家庭财产损失、农林牧渔业损失、工矿商贸业损失、基础设施损失、公共服务损失以及其他损失造成的直接经济损失的总和。直接经济损失的基本计算方法是：受灾体损毁前的实际价值与损毁率的乘积。救援救灾、生产生活环境恢复、生态恢复等所发生的费用不计入直接经济损失。因自然灾害导致停产、停业等所造成的产值、营业额损失为间接经济损失，不计入直接经济损失。主要参照"自然灾害损失情况统计快报表（附表1-5）"填报台账。

村（社区）灾害信息员负责统计上报本村（社区）灾害损失情况，乡（镇、街道）相关部门要根据实际情况，汇总各村（社区）灾情，及时建立和更新本乡（镇、街道）直接经济损失台账，上报县级应急管理部门。

需要注意的是：①乡（镇、街道）建立更新台账时，要对各村（社区）上报灾情予以审核把关，对台账数据真实性、准确性负责，并加盖相关部门公章；②台账更新后的数据要覆盖更新前的数据，即更新后的台账是当次整个灾害过程的累计数据；③要有电子台账和纸质台账，电子台账报应急管理部门，纸质台账存档备查。

以下是乡（镇、街道）直接经济损失台账参考模板：

××镇9月10日暴雨洪涝灾害直接经济损失台账

9月10日暴雨洪涝灾害造成××镇直接经济损失2516.3万元，其中：

一、房屋和家庭财产损失（209.4万元）

房屋和家庭财产损失209.4万元。其中，房屋损失184.4万元，家庭财产损失25万元。

1.因灾倒塌房屋10户30间（其中土木结构24间，砖混结构6间），共计630平方米。

土木结构24间，共500平方米，损失=房屋面积×重置价格×损毁率（100%）=500×800×100%=40万元。

砖混结构6间，共130平方米，损失=房屋面积×重置价格×损毁率（100%）=130×1200×100%=15.6万元。

2.因灾严重损毁房屋18户50间（其中土木结构40间，砖混结构10间），共计1000平方米。

土木结构40间，共800平方米，损失=房屋面积×重置价格×损毁率（70%）=800×800×70%=44.8万元。

砖混结构10间，共200平方米，损失=房屋面积×重置价格×损毁率（70%）=200×1200×70%=16.8万元。

3.因灾一般损坏房屋53户91间（其中土木74间，砖混17间），共计1920平方米。

土木结构74间，共1560平方米，损失=房屋面积×重置价格×损毁率（40%）=1560×800×40%=49.9万元。

砖混结构17间，共360平方米，损失=房屋面积×重置价格×损毁率（40%）=360×1200×40%=17.3万元。

4.暴雨灾害造成1辆汽车、14台家用电器、10件家具、部分衣被等家庭财产损毁，损失为25万元。

二、农林牧渔损失（337.4万元）

农作物水稻、蔬菜等受灾2300亩，其中成灾面积1500亩，绝收800亩，家禽死亡200只，农林牧渔损失289.9万元。具体损失明细如下：

1.水稻受灾面积2000亩，其中成灾面积1100亩，绝收400亩，损失=农作物受灾面积×单位面积产量×农作物减产率×市场收购价格=（2000-1100）亩×400千克/亩×3元/千克×10%+（1100-400）亩×400千克/亩×3元/千克×50%+400亩×400千克/亩×3元/千克×90%=96万元。

2.××蔬菜绝收面积300亩，损失=农作物受灾面积×单位面积产量×农作物减产率×市场收购价格=300亩×1000千克/亩×8元/千克×

100%＝240万元。

3.暴雨引发滑坡，导致200只鸡死亡，损失1.4万元。

三、基础设施损失（1859.5万元）

基础设施损失1859.5万元。其中，交通设施损失1550万元，水利设施损失170万元，电力、通信设施损失32万元，市政设施损失107.5万元。

1.冲毁公路路基9.6千米（单价），冲毁公路防护工程18处（单价），毁坏涵洞13个（单价），公路塌方9.75万立方米（单价），冲毁桥梁1座（单价），造成公路损失1550万元。

2.塘池损毁3口（10万元/口），渠堰损毁2千米（20万元/千米），堤防损毁0.5千米（200万元/千米），造成水利损失170万元。

3.输电线倒杆6根（单价），输电线断线2千米（单价）；通信线倒杆12根（单价），断线2.5千米（单价），造成电力、通信损失32万元。

4.供水管网受损1.5千米（5万元/千米），损失7.5万元；排水管网受损2千米（50万元/千米），损失100万元，造成市政设施损失107.5万元。

四、工矿企业损失（50万元）

1.中讯加油站损失28万元。

2.明原砂石厂损失22万元。

五、公共服务设施损失（60万元）

1.镇××中学操场堡坎垮塌30余米，损失15万元。

2.镇卫生院部分设备及药品损毁，损失20万元。

3.镇污水处理站部分设备损毁，损失25万元。

××乡（镇、街道）相关部门
年 月 日

第六章

灾害救助

一、救灾资金安排使用

（一）相关政策法规

（1）《自然灾害救助条例》（国务院令第709号）。

（2）《中央自然灾害救灾资金管理暂行办法》（财建〔2020〕245号）。

（3）《受灾人员冬春生活救助工作规范》（应急〔2023〕6号）。

（4）《因灾倒塌、损坏住房恢复重建救助工作规范》（应急〔2023〕30号）。

（二）使用方向

中央救灾资金是中央一般公共预算安排用于支持地方人民政府履行自然灾害救灾主体职责，组织开展重大自然灾害救灾和受灾群众救助等工作的共同财政事权转移支付。根据《中央自然灾害救灾资金管理暂行办法》，生活类中央救灾资金主要用于以下6个方面。

（1）灾害应急救助。用于紧急抢救和转移安置受灾群众，解决受灾群众灾后应急期间无力克服的吃、穿、住、医等临时生活困难。

（2）受灾人员过渡期生活救助。用于帮助因灾房屋倒塌或严重损坏需恢复重建的无房可住人员，因次生灾害威胁在外安置无法返家人员，因灾损失严重、缺少生活来源的受灾人员进行过渡期生活救助。

（3）遇难人员家属抚慰。用于向因灾死亡人员家属发放抚慰金。

（4）倒损住房恢复重建救助。用于帮助因灾住房倒塌或严重损坏的受灾群众重建基本住房，帮助因灾住房一般损坏的受灾群众维修损坏住房。

（5）旱灾临时生活困难救助。用于帮助因旱灾造成生活困难的群众解决口粮和饮水等基本生活困难。

（6）受灾人员冬春临时生活困难救助。用于帮助受灾群众解决冬令春荒期间的口粮、衣被、取暖等基本生活困难。

（三）救灾资金的发放

灾害应急和生活救助资金在用于灾害应急救助时主要以采购、发放实物为主，遇难人员家属抚慰金可采取现金发放。其他各项自然灾害生活救助资金原则上均通过财政惠农补贴资金"一卡通"发放。各地应在摸清底数、核实灾情的基础上，严格按照民主评议、登记造册、张榜公布、公开发放的工作规程，通过"户报、村评、乡审、县定"4个步骤确定救助对象。

（1）受灾人员本人向所在村（居）民委员会提出申请，或者村（居）民小组向所在村（居）委员会提名。

（2）村（居）民委员会收到农户申请或村（居）民小组提名后，召开村民会议或村民代表会议对申请、提名对象进行民主评议，并予以公示；经评议认为符合条件，且公示无异议的，确定为拟救助对象，并上报乡（镇）人民政府、街道办事处。

（3）乡（镇）人民政府、街道办事处接到村（居）委会的申报材料后，及时完成审核工作，并对审核上报的名单进行公示。

（4）县级应急管理部门收到乡（镇）人民政府、街道办事处上报的材料后，及时进行复核和审批，并通知乡镇（街道）组织实施。

二、救灾物资保障

（一）救灾物资管理制度

按照"分级负责，属地管理为主"的原则，各地应不断强化应急救灾主体责任。同时，救灾物资使用、申请、管理应明确以下4个方面内容。

（1）救灾物资的使用范围。中央救灾物资主要用于以下受灾人员的生活救助：①房屋倒塌或严重损坏，无法居住的；②房屋受地质灾害威胁或洪水浸泡，无法居住的；③生活类物资遭受严重损失，极度短缺的；④因灾被围困人员，需提供生活救助的；⑤根据需要，也可用于灾区现场指挥部及医院、学校等公共服务场所搭建。优先鼓励投亲靠友，开放应急避难场所，借住公房、租房等方式安置，不具备条件时，考虑搭建帐篷、板房等安置。调拨的中央救灾物资应直接用于当期灾害救助工作，不得用于补充地方库存。

（2）救灾物资的动用原则。受灾地区，要首先使用本级储备的救灾物资，在本级救灾物资储备不足且难以满足救灾需要时，可向上级应急管理部门申请支持。申请救灾物资，需要正式办理申请文件，内容包括：灾情基本信息、转移安置人数、需物资救助人数；地方救灾物资储备余量，本次灾害已调拨物资总量；申请上级救灾物资品种、数量、使用地点等。紧急情况下，可"边审批、边调拨"。

（3）了解救灾物资基本情况。掌握帐篷等物资运输包装件数，并及时通知物资运输单位配套运输帐篷，能够指导受灾人员如何搭建帐篷；了解棉被、棉大衣基本情况，掌握物资运输包装、产品水洗标上标注的含义，能够向接受物资救助的人员进行说明。

（4）对物资发放登记造册。各级政府救灾物资是国有资产，在购置、储备管理、使用回收等各个环节的工作都需要接受财政、监察和审计等部门的监督，要求物资发放单位应做到账目清楚、手续完备，并以适当方式向社会公布。

（二）救灾物资发放、监管要求

1.规范救灾物资发放

一是做好救灾物资的接收和发放。各级应急管理部门要建立健全救灾物资发放制度，及时接收、分发上级调拨的救灾物资，指定专人负责调运接收分配工作，落实工作责任。要按照救灾物资的数量，结合物资用途，区别受灾程度，确定救济对象和发放数量，保证救灾物资落实到村、分发到户，并做好有关文字、影像资料的收集，以便及时反馈接收和使用情况。二是做好救灾物资发放台账统计工作。发生重特大灾害，救灾物资数量大、品种多，做好发放台账统计工作尤为重要。凡是接收、发放救灾物资都要对接收、发放的救灾物资做好登记，专账管理、专人负责、账目清楚、手续完备，做到来有明细、去有登记，完备交接、运输手续。填写"救灾物资发放登记表"，表上应注明物资名称、数量、发放时间、发放地点等，并由领取人签名。"救灾物资发放登记表"应妥善保管，备查。要完善发放登记手续，做到管理规范、严格，运行简洁、高效，及时准确把救灾物资发放到受灾群众手中。

2.严格救灾物资监管

救灾物资管理事关救灾工作成效，事关政府声誉和公信力，各地必须管好用好救灾物资。发放救灾物资要做到账目清楚，手续完备，谁签字、谁负责；要对发放情况及时登记造册，建立台账，并以适当方式向社会公布。救灾物资的使用必须严格依据国家有关法规和财务规章制度，坚持"专物专用、重点使用"。救灾物资发放使用必须坚持公平、公正、公开，不得截留、挪用，不得有偿使用，不得擅自扩大使用范围。各级应急管理部门要及时组织检查督导。

附录

相关政策文件

乡（镇、街道）、行政村（社区）自然灾害情况统计规程

（一）报送内容

发生在本行政区域内的洪涝灾害、干旱灾害、台风灾害、风雹灾害、低温冷冻灾害、雪灾、沙尘暴灾害、地震灾害、地质灾害、海洋灾害、森林草原火灾、生物灾害等自然灾害的受灾情况和灾害救助工作开展情况。主要内容包括：灾害种类及灾害发生时间、地点、受灾范围等情况；灾害造成的人员死亡失踪情况，房屋及家庭财产、基础设施、农林牧渔、工矿商贸、公共服务等损失情况；灾害救助工作开展情况。

乡（镇、街道）、村（社区）报送灾情所使用的调查表式、指标解释可参考本制度正文第三和第四部分的相关内容。

（二）报送要求

1.自然灾害快报

主要反映自然灾害发生发展、造成损失和救灾工作开展情况，分为初报、续报、核报。

初报：自然灾害发生后，村（社区）应当在灾害发生后1小时内上报乡（镇、街道），乡（镇、街道）在接到灾情后半小时内汇总上报到县级应急管理部门。对于干旱灾害，在旱情初露，群众生活受到一定影响时，村（社区）上报乡（镇、街道），乡（镇、街道）汇总情况后上报到县级应急管理部门。

续报：在灾情稳定前，及时统计更新上报灾情。对于启动省级及以上自然灾害救助应急响应的自然灾害，执行24小时零报告制度（干旱灾害除外）。24小时零报告制度是指在灾害发展过程中，每24小时须至少上报一次灾情，即使数据没有变化也须上报，直至灾害过程结束。对于干旱灾害，在灾害发展过程中，村（社区）、乡（镇、街

道）每10日至少续报一次；对于启动国家自然灾害救助应急响应的干旱灾害，每5日至少续报一次。

核报：在灾情稳定后（对于干旱灾害，在旱情基本解除后），村（社区）应当在2日内核定灾情，上报乡（镇、街道），乡（镇、街道）在2日内汇总上报到县级应急管理部门。核报数据中各项指标均采用整个旱灾过程中该指标的累计值。

对于因灾死亡失踪人口和倒塌损坏房屋情况，村（社区）要同时填报《因灾死亡失踪人口一览表》和《因灾倒塌损坏住房户一览表》，并会同自然灾害快报上报乡（镇、街道），乡（镇、街道）汇总上报到县级应急管理部门。

2.自然灾害年报

反映全年（1月1日—12月31日）因自然灾害造成的损失情况及救灾工作情况。村（社区）应当在每年9月下旬开始核查本年度本行政区域内的自然灾害情况和救灾工作情况，于9月30日前将年报（初报）上报乡（镇、街道），乡（镇、街道）于10月10日前汇总上报到县级应急管理部门；于12月31日前将年报（核报）上报乡（镇、街道），乡（镇、街道）于次年1月5日前汇总上报到县级应急管理部门。

3.冬春受灾人员生活救助情况报告

统计冬春受灾人员生活救助情况，冬春救助时段为每年的12月至次年的5月（一季作物区至次年的7月）。

每年9月开始，村（社区）应当着手调查、核实、汇总当年冬季和次年春季本行政区域内受灾家庭基本生活困难且需救助情况，填报《受灾人员冬春生活政府救助人口一览表》，于10月10日前上报乡（镇、街道）。乡（镇、街道）在接到村（社区）报表后，应当及时核定本地区情况、汇总数据，于10月20日前将本地区汇总数据上报到县级应急管理部门。

在下年的3—5月（一季作物区为3—7月）期间，冬春救助工作完成后，村（社区）应当对本行政区域内受灾人员冬春生活已救助的情况进行调查、核实、汇总，填写《受灾人员冬春生活政府救助人口一览表》，于5月20日（一季作物区为7月20日）前报乡（镇、街道）。乡（镇、街道）在接到村（社区）报表后，应当及时核定本地区情况、汇总数据，于5月25日（一季作物区为7月25日）前报县级应急管理部门。

（三）报送方式

村（社区）向乡（镇、街道）报送灾情时，有条件的应当通过"国家自然灾害灾情管理系统"上报；条件不具备的，可采用电话、传真、电子邮件或者其他方式报告，电话报告时应当做好电话记录备案。

乡（镇、街道）向县级上报灾情时，应当通过"国家自然灾害灾情管理系统"报告。特殊或者紧急情况下，经县级应急管理部门同意，可通过传真、电子邮件、电话等方式先报告，并及时通过"国家自然灾害灾情管理系统"补报。

（四）报送人员

原则上，乡（镇、街道）灾情报送人员为乡镇人民政府（街道办事处）负责应急管理相关工作的人员，村（社区）灾情报送人员为村（居）民委员会设立的灾害信息员。

后 记

2021年，应急管理部救灾和物资保障司组织编写了本教材的第1版，应急管理部监测减灾司、国家减灾中心，北京师范大学、中国农业大学、中国建筑科学研究院、中国再保险（集团）股份有限公司，江西省应急管理厅、湖南省应急管理厅、四川省应急管理厅等单位参与编写。编写组组长：武建军，副组长：汪洋、罗秀全。主要编写人员有（按姓氏笔画排序）：王一鸣、王成磊、王超、毋剑平、左贵州、代瀚锋、朱暮村、许亮亮、杜若华、李成、杨潘、吴光明、张鹏、岳溪柳、郑大玮、首一苇、洪逸磊、宫阿都、韩鹏、曾伟、曾玲艳、廖仁恕、瞿坚。参与编写人员有（按姓氏笔画排序）：丁一、王丹丹、王曦、叶学华、冯键、刘伟、刘南江、刘美玉、刘哲、孙舟、李群、连巧玉、吴玮、沈秋、宋思聪、张云霞、张妮娜、陆野、陈杰、赵之江、聂娟、徐泽国、徐溍、郭桂祯、韩忻忆、瞿亮亮等。

2024年，应急管理部救灾和物资保障司组织对第1版教材进行了修订，参与修订的人员有：连巧玉、左贵州、王一鸣、王超、许亮亮、李群、刘伟、朱暮村、卫伟、李鑫磊、张云霞、张鹏、汪洋、王丹丹、聂娟、吴玮、费伟。

在编写、修订和出版过程中，水利部水旱灾害防御司、应急管理出版社等部门单位给予了大力支持。在此，谨向所有给予本教材帮助支持的单位和同志表示衷心感谢。

编 者

2024年4月